T0209131

essentials

essentials liefern aktuelles Wissen in konzentrierter Form. Die Essenz dessen, worauf es als „State-of-the-Art" in der gegenwärtigen Fachdiskussion oder in der Praxis ankommt. *essentials* informieren schnell, unkompliziert und verständlich

- als Einführung in ein aktuelles Thema aus Ihrem Fachgebiet
- als Einstieg in ein für Sie noch unbekanntes Themenfeld
- als Einblick, um zum Thema mitreden zu können

Die Bücher in elektronischer und gedruckter Form bringen das Expertenwissen von Springer-Fachautoren kompakt zur Darstellung. Sie sind besonders für die Nutzung als eBook auf Tablet-PCs, eBook-Readern und Smartphones geeignet. *essentials:* Wissensbausteine aus den Wirtschafts-, Sozial- und Geisteswissenschaften, aus Technik und Naturwissenschaften sowie aus Medizin, Psychologie und Gesundheitsberufen. Von renommierten Autoren aller Springer-Verlagsmarken.

Weitere Bände in der Reihe http://www.springer.com/series/13088

Jörg Kortemeyer

Komplexe Zahlen

Eine Einführung für
Studienanfänger*innen

 Springer Spektrum

Jörg Kortemeyer
Institut für Mathematik
Technische Universität Clausthal
Clausthal-Zellerfeld, Deutschland

ISSN 2197-6708 ISSN 2197-6716 (electronic)
essentials
ISBN 978-3-658-29882-1 ISBN 978-3-658-29883-8 (eBook)
https://doi.org/10.1007/978-3-658-29883-8

Die Deutsche Nationalbibliothek verzeichnet diese Publikation in der Deutschen Nationalbiblio-
grafie; detaillierte bibliografische Daten sind im Internet über http://dnb.d-nb.de abrufbar.

Planung/Lektorat: Iris Ruhmann
Springer Spektrum ist ein Imprint der eingetragenen Gesellschaft Springer Fachmedien
Wiesbaden GmbH und ist ein Teil von Springer Nature.
Die Anschrift der Gesellschaft ist: Abraham-Lincoln-Str. 46, 65189 Wiesbaden, Germany

Was Sie in diesem *essential* finden können

- Grundlagen zu komplexen Zahlen: Einführung aller drei Darstellungen (kartesische Darstellung, Polarform, Eulerform) sowie der geometrischen Vorstellung
- Methoden zur Umrechnung zwischen den drei Darstellungen
- Zahlreiche exemplarische Aufgaben zu komplexen Zahlen
- Verfahren zur Berechnung der n Nullstellen eines Polynoms n-ten Grades

*Gewidmet meinen Studierenden an
der Leibniz Universität Hannover,
der Universität Paderborn sowie der
Technischen Universität Clausthal, die
immer wieder durch ihre Fragen zur
Verbesserung meiner Lehre beigetragen
haben*

Vorwort

Dieses Essential liefert eine Einführung in komplexe Zahlen. Zunächst wird erläutert, was eine komplexe Zahl ist und die Einführung dieser Zahlbereichserweiterung motiviert. Anschließend werden die vier Grundrechenarten sowie das Potenzieren komplexer Zahlen näher erläutert, wobei hierzu die üblichen drei Darstellungen (kartesische Darstellung, Polarform, Eulerform) eingeführt werden. Diese werden anhand vieler Beispiele erläutert. Der letzte Abschnitt setzt sich mit dem Satz von Moivre für das Wurzelziehen bei komplexen Zahlen auseinander.

Das Essential richtet sich an:

- Studierende der Ingenieurwissenschaften sowie Studierende der Naturwissenschaften zur näheren Auseinandersetzung mit dem Thema
- MINT-Studienanfängerinnen und -Anfänger zur Wiederholung und Erweiterung ihrer Schulkenntnisse im Hinblick auf einen erfolgreichen Studieneinstieg
- Schülerinnen und Schüler, die sich mit fortgeschritteneren Themen, welche eine hohe Relevanz für viele Studiengänge haben, beschäftigen wollen

Ich wünsche den Leserinnen und Lesern viel Freude bei der Auseinandersetzung mit dem Thema „Komplexe Zahlen".

TU Clausthal
Februar 2020

Jörg Kortemeyer
joerg.kortemeyer@tu-clausthal.de

Danksagung

Ich danke meinen zahlreichen Unterstützern bei der Verbesserung der Hochschullehre in Mathematik. Dabei geht im Speziellen mein Dank an Prof. Dr. Anne Frühbis-Krüger (inzwischen Universität Oldenburg) für die Möglichkeiten zu hochschuldidaktischen Veränderungen in der „Mathematik für Ingenieure" für Studiengänge des Maschinenbaus, des Bauingenieurwesens, der Elektrotechnik und des Wirtschaftsingenieurwesens sowie dem zugehörigen Vorkurs an der Leibniz Universität Hannover. Ich danke Prof. Dr. Rolf Biehler (Kompetenzzentrum Hochschuldidaktik Mathematik, Universität Paderborn) für die Betreuung meiner Dissertation, die sich mit mathematischen Kompetenzen in ingenieurwissenschaftlichen Grundlagenfächern beschäftigt. Zuletzt möchte ich Prof. Dr. Olaf Ippisch (Technischen Universität Clausthal) danken, der mir die Chance gegeben hat, den Studieneinstieg allgemein in Mathematik für alle Studierenden (d. h. an der TU Clausthal: MINT-Fächer, Wirtschaftswissenschaften) durch Betreuung von Grundlagenveranstaltungen und Vorkursen sowie weiterer hochschuldidaktischer Maßnahmen zu verbessern.

Inhaltsverzeichnis

Warum komplexe Zahlen?

1

? Welche Zahlen kennen wir bislang und was waren Gründe für die Einführung weiterer Zahlbereiche?

Über die Jahre werden in der Schule immer wieder neue Zahlbereiche eingeführt. Dieses beginnt mit der Einführung natürlicher Zahlen $\mathbb{N}$ als die Menge der Zahlen beim Zählen, d. h. $\{1, 2, 3, 4 \ldots\}$, wobei sich schnell zeigt, dass man schon bei der Subtraktion zweier natürlicher Zahlen diese Menge verlassen kann. So ist die Lösung von $3 - 5$ keine natürliche Zahl, obwohl 3 und 5 natürliche Zahlen sind. So werden die ganzen Zahlen $\mathbb{Z}$ eingeführt, die nun auch die Zahl 0 und negative Zahlen enthalten, also die Menge $\{0, \pm1, \pm2, \pm3, \ldots\}$ sind.

Durch Division zweier ganzer Zahlen kann wiederum diese Menge verlassen werden, so dass $\mathbb{Q}$, die Menge der Brüche bzw. „die rationalen Zahlen", eingeführt werden muss, um sämtliche Ergebnisse von Divisionen darstellen zu können. Zum Beispiel durch das Ziehen von Quadratwurzeln nichtnegativer Zahlen können wiederum Zahlen entstehen, die nicht als Bruch darstellbar sind und somit kein Teil der rationalen Zahlen $\mathbb{Q}$ sind. Aus diesem Grund wird die Menge der reellen Zahlen $\mathbb{R}$ eingeführt. Man kann jede Zahl auf der sogenannten Zahlengerade (siehe die folgende Abbildung) darstellen und diese Gerade kann lückenlos durch reelle Zahlen bedeckt werden:

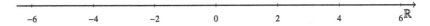

Welche Aufgaben sind denn nun nachwievor nicht lösbar? Dieses fängt mit einer relativ einfachen Gleichung an, nämlich $x^2 + 1 = 0$, die keine reelle Lösungen hat.

© Springer Fachmedien Wiesbaden GmbH, ein Teil von Springer Nature 2020
J. Kortemeyer, *Komplexe Zahlen*, essentials,
https://doi.org/10.1007/978-3-658-29883-8_1

Unser Ziel ist nun, auch für derartige Gleichungen Lösungen zu finden, die in der Menge der komplexen Zahlen liegen werden. Hierzu stellen wir zunächst weitere Überlegungen an.

Was gehört alles zu den reellen Zahlen?

Wir haben eine ungefähre Vorstellung von allen Zahlen, die als Brüche darstellbar sind, also in der Menge der rationalen Zahlen $\mathbb{Q}$ liegen. Welche Zahlen liegen nun in der Menge der reellen Zahlen, also $\mathbb{R}$, sind also irrational?

Bei der Menge der irrationalen Zahlen unterscheidet man zwei Arten von Zahlen, nämlich algebraische und transzendente Zahlen: Algebraische Zahlen sind Nullstellen von Polynomen mit ganzzahligen Koeffizienten. Beispiele hierfür sind $\sqrt{2}$ als Lösung von $x^2 - 2 = 0$, $\sqrt{3}$ als Lösung von $x^3 - 2 = 0$ oder auch $\sqrt[17]{42}$ als Lösung von $x^{17} - 42 = 0$. Die deutlich größere Gruppe sind die transzendenten Zahlen, die nicht Lösungen von ganzzahligen Polynomen sind. Hierzu zählen die Zahlen π oder e, welche allerdings z. B. durch Brüche angenähert werden können. So gilt: $\pi \approx \frac{22}{7}$.

? Wo liegen die komplexen Zahlen, wenn die reellen Zahlen bereits die gesamte Zahlengerade abdecken?

Wie schon bei natürlichen Zahlen, ganzen Zahlen und rationalen Zahlen können wir bei reellen Zahlen sogenannte Relationen angeben, d. h. ob für zwei reelle Zahlen a und b gilt: $a < b$, $a = b$ oder $a > b$. Diese bezeichnet man als Anordnungseigenschaft. Beispielhaft betrachten wir eine Menge reeller Zahlen:

$$2, 0, -5, \frac{333}{106}, -\frac{21}{4}, \sqrt{7}, \pi \text{ und e} \tag{1.1}$$

Für die angegebenen Zahlen gilt:

$$-\frac{21}{4} < -5 < 0 < 2 < \sqrt{7} < e < \frac{333}{106} < \pi \tag{1.2}$$

Die Zahlengerade hat eine Richtung, die durch einen Pfeil angedeutet wird. Im folgenden werden wir sie als x-Achse betrachten und dort die 0 als sogenannten Ursprung. Dann sind links die negativen Zahlen < 0 und rechts die positiven Zahlen > 0. In dieser Betrachtungsweise können wir alle acht Zahlen einzeichnen:

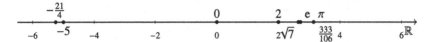

Wie können aber nun beispielsweise die beiden Lösungen von $x^2 + 1 = 0$ dort eingeordnet werden, die nicht reell sind? Wenn wir eine positive Zahl mit sich selbst multiplizieren, ist das Ergebnis eine positive Zahl. Gleiches gilt allerdings auch für eine negative Zahl und außerdem ist $0^2 = 0$. Also gilt für alle reellen Zahlen x, dass $x^2 \geq 0$ ist, also dass das Quadrat einer reellen Zahl nicht-negativ ist. In diesem Essential setzen wir uns mit Zahlen auseinander, deren Quadrat negativ sein kann. So kommen wir zu den Zahlen $\pm i$, deren Quadrat jeweils -1 ist. Diese Zahlen werden teilweise als „imaginär" bezeichnet, treten jedoch in Anwendungen z. B. aus der „komplexen Wechselstromrechnung" in der Elektrotechnik tatsächlich auf. Unser Ziel in Kap. 2 ist zunächst die Übertragung und Erweiterung bekannter Regeln aus den reellen Zahlen. Die Rückführung auf reelle Zahlen vereinfacht viele Überlegungen und dieses Essential stellt näher vor, wie derartige Übertragungen gewählt werden können.

Über die Nullstellen von Polynomen

Ein Polynom ist eine Funktion $f(x)$ der Form

$$f(x) = a_n \cdot x^n + a_{n-1} \cdot x^{n-1} + \cdots + a_1 x + a_0 \text{ mit } x, a_0, a_1, \ldots, a_{n-1}, a_n \in \mathbb{R} \quad (1.3)$$

Hierbei heißt n der Grad des Polynoms. So ist der Grad von $f(x) = x^2 + 1$ gleich 2. Wenn man die Nullstellen über den reellen Zahlen untersucht, kann man unterschiedliche Aussagen für gerade n und für ungerade n treffen:

- n gerade: Das Polynom $f(x)$ hat immer eine gerade Anzahl an Nullstellen und höchstens n. Insbesondere kann es keine Nullstellen haben wie unser Beispiel $x^2 + 1$.

- n ungerade: Das Polynom $f(x)$ hat immer eine ungerade Anzahl an Nullstellen und höchstens n. Das bedeutet auch, dass es mindestens eine reelle Nullstelle haben muss. Das kann man sich daran klarmachen, wenn man $f(x)$ plottet und näher untersucht, denn falls $f(x)$ für sehr große x positive Funktionswerte annimmt, muss es für sehr kleine x negative Funktionswerte annehmen. Wenn man analog für sehr große x negative Funktionswerte hat, so müssen die Funktionswerte für sehr kleine x positiv sein. So muss $f(x)$ dazwischen irgendwo die x-Achse durchlaufen, also eine Nullstelle haben. Weiterführende Stichwörter: Stetigkeit von Polynomen, Zwischenwertsatz

Wünschenswert wäre es, das „höchstens" in den beiden letzten Aussagen zu streichen, also immer genausoviele Nullstellen wie der Grad des Polynoms zu haben. Unter Verwendung von komplexen Zahlen ist das tatsächlich der Fall. Wie man diese Nullstellen findet, sagt der in Kap. 4 vorgestellte Satz von Moivre.

Wie sehen aber nun Zerlegungen von Polynomen höheren Grades aus? Dazu werden wir ein Beispiel für ein Polynom von Grad 12 betrachten, das uns durch dieses Essential begleiten wird:

? Was sind die Lösungen von $x^{12} - 1 = 0$?

Es gilt mit dritter binomischer Formel:

$$x^{12} - 1 = \left(x^6 - 1\right)\left(x^6 + 1\right) \tag{1.4}$$

Nun können wir erkennen, dass $x^6 - 1$ die Nullstellen ± 1 hat und damit durch $x^2 - 1$ teilbar ist. Analog hat $x^6 + 1$ die Nullstellen $\pm i$ und ist somit durch $x^2 + 1$ teilbar. Wir erhalten über Polynomdivision:

$$x^6 - 1 = \left(x^2 - 1\right)\left(x^4 + x^2 + 1\right) \tag{1.5}$$

und

$$x^6 + 1 = \left(x^2 + 1\right)\left(x^4 - x^2 + 1\right) \tag{1.6}$$

Mit geeigneter quadratischer Ergänzung und dritter binomischer Formel kann man nun auch die beiden Polynome vierten Grades weiter zerlegen:

$$x^4 + x^2 + 1 = \left(x^2 + 1\right)^2 - x^2 = \left(x^2 + 1 - x\right)\left(x^2 + 1 + x\right) \tag{1.7}$$

$$x^4 - x^2 + 1 = \left(x^2 + 1\right)^2 - 3x^2 = \left(x^2 + 1 - \sqrt{3}x\right)\left(x^2 + 1 + \sqrt{3}x\right) \tag{1.8}$$

Insgesamt haben wir nun das Polynom zwölften Grades in sechs Polynome zweiten Grades zerlegt:

$$\left(x^2 - 1\right)\left(x^2 + 1 - x\right)\left(x^2 + 1 + x\right)\left(x^2 + 1\right)\left(x^2 + 1 - \sqrt{3}x\right)\left(x^2 + 1 + \sqrt{3}x\right) \tag{1.9}$$

Wir erkennen, dass die Nullstellen von $x^2 - 1$ die reellen Zahlen ± 1 sind. Bei den fünf übrigen quadratischen Gleichungen gibt es jedoch keine reellen Lösungen bzw. beim Anwenden der pq-Formel wird jedes einzelne Mal der Ausdruck unter der Wurzel negativ. Wir werden diese Aufgabe in Abschn. 4.1 wieder aufgreifen.

Kartesische Darstellung – Algebra und Geometrie komplexer Zahlen

2

Dieses Kapitel stellt die erste Darstellung komplexer Zahlen vor, die sich vor allem gut für die Addition und Subtraktion eignet. Wie im vorherigen Kapitel erläutert, sind die komplexen Zahlen eine Erweiterung der reellen Zahlen. In diesem Kapitel werden Sie sehen, dass eine komplexe Zahl ein geordnetes Paar reeller Zahlen ist. Wir werden uns näher damit auseinandersetzen, wie komplexe Zahlen addiert, subtrahiert, multipliziert und dividiert werden können. Grundlegend für die Untersuchung von komplexen Zahlen ist die Zahl i, die die Eigenschaft $i^2 = -1$ besitzt. Ansonsten kommen die üblichen Regeln aus der Algebra reeller Zahlen zum Einsatz. Im letzten Abschnitt lernen Sie eine geometrische Interpretation komplexer Zahlen kennen. Da die komplexe Zahl $z = x + iy$ über zwei reelle Zahlen x und y definiert ist, ergibt es Sinn, eine komplexe Zahl in einer Ebene einzuzeichnen, wobei sich eine Verbindung zwischen komplexen Zahlen und zweidimensionalen Vektoren zeigt.

Nach der Auseinandersetzung mit diesem Kapitel können Sie komplexe Zahlen addieren, subtrahieren, multiplizieren und dividieren sowie den Betrag und das komplex Konjugierte einer komplexen Zahl berechnen. Sie können alle Lösungen polynomieller Gleichungen bestimmen und komplexe Zahlen in einer Ebene, der sogenannten Gaußschen Zahlenebene, darstellen.

2.1   Einführung der Darstellung

Definition 2.1 Eine komplexe Zahl ist ein geordnetes Paar von reellen Zahlen, welches üblicherweise als z oder w bezeichnet wird. Für $a, b \in \mathbb{R}$ können wir eine komplexe Zahl beschreiben als:

$$z = a + i \cdot b \tag{2.1}$$

© Springer Fachmedien Wiesbaden GmbH, ein Teil von Springer Nature 2020
J. Kortemeyer, *Komplexe Zahlen,* essentials,
https://doi.org/10.1007/978-3-658-29883-8_2

i bezeichnet dabei eine Zahl, für die die Regel $i^2 = -1$ gilt. Die Menge der komplexen Zahlen bezeichnen wir mit $\mathbb{C}$.

❗ $i \neq \sqrt{-1}$

Wenn man $i = \sqrt{-1}$ annimmt, erhält man die folgende Gleichung:

$$1 = \sqrt{1} = \sqrt{1 \cdot 1} = \sqrt{(-1) \cdot (-1)} = \sqrt{-1} \cdot \sqrt{-1} = i \cdot i = i^2 = -1 \qquad (2.2)$$

Wir erkennen, dass man unter dieser Annahme $1 = -1$ zeigen kann, was ein Widerspruch ist. Aus diesem Grund setzt man i als eine Lösung von $z^2 = -1$, also gilt $z = \pm i$.

Wir werden uns später noch näher mit der Wurzel aus negativen Zahlen auseinandersetzen. Mit Hilfe der eingeführten Notation können wir

$$\sqrt{-9} = \sqrt{9 \cdot (-1)} = \pm 3i \qquad (2.3)$$

schreiben.

❓ Was sind die Potenzen von i?

Wir wissen bereits, dass $i^2 = -1$ gilt. Dann erhalten wir nach Potenzgesetzen:

$$i^3 = i^2 \cdot i = (-1) \cdot i = -i \qquad (2.4)$$

Zur Berechnung von i^4 können wir auf zwei Weisen ansetzen. Es gilt z. B.

$$i^4 = i^2 \cdot i^2 = (-1) \cdot (-1) = 1. \qquad (2.5)$$

Alternativ gilt auch:

$$i^4 = i^3 \cdot i = (-i) \cdot i = (-1) \cdot i^2 = 1. \qquad (2.6)$$

Wir haben also herausgefunden, dass $i^4 = 1$ ist. Damit können wir unter Verwendung von Potenzgesetzen i^5, i^6 und i^7 bestimmen. Wir erhalten:

- $i^5 = i^{1+4} = i^1 \cdot i^4 = i^1 = i$
- $i^6 = i^{2+4} = i^2 \cdot i^4 = i^2 = -1$
- $i^7 = i^{3+4} = i^3 \cdot i^4 = i^3 = -i$

Wir erkennen nun ein Muster: Durch das Abspalten des Summanden 4 im Exponenten können wir höhere Potenzen von i auf niedrigere zurückführen. Dieses gilt auch für höhere Potenzen $m = r + 4n$. Damit können wir schreiben:

$$i^m = i^{r+4n} = i^r \cdot i^{4n} = i^r \cdot (i^4)^n = i^r \cdot 1^n = i^r \tag{2.7}$$

Dieses lässt sich auch in den negativen Bereich fortsetzen. So ist z. B.:

$$i^{-1} = \frac{1}{i} = \frac{i^4}{i} = i^3 = -i \tag{2.8}$$

> **Potenzen von** i

Für die Zahl i gilt
$$i^2 = -1. \tag{2.9}$$

Unter Verwendung von Potenzgesetzen ergibt sich ein Abwechseln von vier Werten beim Potenzieren von i:

$$i, i^2 = -1, i^3 = -i, i^4 = 1, i^5 = i, i^6 = -1, i^7 = -i, i^8 = 1, i, -1, -i, 1, i, -1, -i, 1, \ldots \tag{2.10}$$

Man bezeichnet bei $z = a + ib$ die Zahl a als Realteil bzw. Re(z) und b als Imaginärteil von z bzw. Im(z). Dabei sind die Zahlen mit Im$(z) = 0$ genau die reellen Zahlen.

> **Real- und Imaginärteil**

Bei $z = a + ib$ ist Re$(z) = a$ und Im$(z) = b$. Sowohl der Realteil als auch der Imaginärteil sind reelle Zahlen.

Definition 2.2

(a) Zwei komplexe Zahlen $z = a + ib$ und $w = c + id$ sind gleich, wenn sowohl ihre Realteile als auch ihre Imaginärteile übereinstimmen. Es gilt also:

$$a = c \text{ und } b = d \qquad (2.11)$$

(b) Der Betrag einer komplexen Zahl $z = a + ib$, geschrieben als $|z|$, ist definiert als

$$|z| = \sqrt{a^2 + b^2} \qquad (2.12)$$

Der Betrag einer komplexen Zahl ist immer eine nicht-negative reelle Zahl.

? Berechnen Sie $\mathrm{Re}(z)$, $\mathrm{Im}(z)$ **und** $|z|$ **für** $z = 12 - 5i$

Wir können Real- und Imaginärteil direkt ablesen: $\mathrm{Re}(z) = 12$ und $\mathrm{Im}(z) = -5$. Für $|z|$ folgt nach Gl. (2.12):

$$|z| = \sqrt{12^2 + (-5)^2} = \sqrt{144 + 25} = \sqrt{169} = 13 \qquad (2.13)$$

Definition 2.3 Für eine komplexe Zahl $z = a + ib$ ist das komplex Konjugierte von z, Bezeichnung $\overline{z}$, definiert als $\overline{z} = a - ib$. Beispielsweise gilt für $z = 4 - i$, dass $\overline{z} = 4 + i$ ist. Außerdem gibt es zwei Spezialfälle:

• für eine rein-reelle Zahl z, d. h. $\mathrm{Im}(z) = 0$, gilt: $\overline{z} = z$
• für eine rein-imaginäre Zahl z, d. h. $\mathrm{Re}(z) = 0$, gilt: $\overline{z} = -z$, d. h. beispielsweise für $z = 3i$ ist $\overline{z} = -3i$

2.2   Rechnen mit komplexen Zahlen

Dieser Abschnitt stellt typische Aufgaben und die zugrundeliegende Theorie vor, die sich beim Rechnen mit komplexen Zahlen in kartesischer Darstellung ergeben.

2.2.1 Grundrechenarten

Die Grundrechenarten, d. h. Addition, Subtraktion, Multiplikation und Division, können bei komplexen Zahlen sehr ähnlich wie bei reellen Zahlen durchgeführt werden, wenn man i als Variable betrachtet, deren Quadrat -1 ist.

Theorem 2.1 *Seien z und w zwei beliebige komplexe Zahlen, also $z = a + ib$ und $w = c + id$. Dann gilt:*

(a) $z + w = (a + c) + i(b + d)$
(b) $z - w = (a - c) + i(b - d)$
(c) $z \cdot w = ac - bd + i(ad + bc)$

Beweis (a) und (b) folgen direkt aus dem Rechnen mit Polynomen. Zu (c):

$$z \cdot w = (a + ib) \cdot (c + id) = ac + aid + ibc + i^2 bd$$
$$= ac + aid + ibc - bd = ac - bd + i(ad + bc)$$

? **Berechnen Sie für $z = 1 - 2i$ und $w = 5 + \frac{1}{2}i$ die Zahlen $z + 4w$, $|z - 2w|$, $z \cdot w$ und w^2**

- $z + 4w = 1 - 2i + 4\left(5 + \frac{1}{2}i\right) = 21$
- $|z - 2w| = \sqrt{(1 - 10)^2 + (-2 - 1)^2} = \sqrt{9^2 + 9} = \sqrt{90} = 3\sqrt{10}$
- $z \cdot w = (1 - 2i) \cdot \left(5 + \frac{1}{2}i\right) = 5 + \frac{1}{2}i - 10i + 1 = 6 - \frac{19}{2}i$
- $w^2 = \left(5 + \frac{1}{2}i\right) \cdot \left(5 + \frac{1}{2}i\right) = 25 + 2 \cdot 5 \cdot \frac{1}{2}i - \frac{1}{4} = \frac{99}{4} + 5i$

! **Das Quadrat einer komplexen Zahl ist nicht unbedingt eine nicht-negative reelle Zahl**

Diese Regel, die in den reellen Zahlen gilt und zum Überprüfen von Ergebnissen eingesetzt werden kann, gilt nicht mehr bei den komplexen Zahlen. Beispielsweise gilt für $z = -2 - 5i$:

$$(-2 + 5i)^2 = (-2 + 5i)(-2 + 5i) = 4 - 10i - 10i - 25 = -21 - 20i \quad (2.14)$$

$z \cdot \bar{z}$ ist immer eine reelle Zahl:

$$z \cdot \bar{z} = (a + \mathrm{i}b)(a - \mathrm{i}b) = a^2 - \mathrm{i}ab + \mathrm{i}ab - \mathrm{i}^2 b$$
$$= a^2 - \mathrm{i}^2 b^2 = a^2 + b^2$$

Dieses Ergebnis werden wir nun zur Division komplexer Zahlen einsetzen:

Theorem 2.2 *(Division komplexer Zahlen) Seien $z = a + \mathrm{i}b$ und $w = c + \mathrm{i}d$ zwei komplexe Zahlen, deren Quotient berechnet wird, d. h. $\frac{z}{w} = \frac{a+\mathrm{i}b}{c+\mathrm{i}d}$. Bei der Division komplexer Zahlen wird der Bruch mit dem konjugiert Komplexen des Nenners erweitert:*

$$\frac{z}{w} = \frac{a + \mathrm{i}b}{c + \mathrm{i}d} = \frac{a + \mathrm{i}b}{c + \mathrm{i}d} \cdot \frac{c - \mathrm{i}d}{c - \mathrm{i}d} = \frac{(ac + bd) + \mathrm{i}(bc - ad)}{c^2 + d^2} \tag{2.15}$$

! Typischer Fehler

Häufig sieht man in Klausuren den folgenden Fehler:

$$\frac{z}{w} = \frac{a + \mathrm{i}b}{c + \mathrm{i}d} = \frac{a}{c} + \mathrm{i}\frac{b}{d} \tag{2.16}$$

Diese Umformung entspricht auch nicht den üblichen Regeln der Bruchrechnung. Allgemein gilt weiterhin: „Aus Differenzieren und aus Summen kürzen nur die Dummen."

? Berechnen Sie $z \cdot \bar{z}$ und $\frac{z}{w}$ für $z = -3 + 4\mathrm{i}$ und $w = 6 - 8\mathrm{i}$

Wir erhalten

$$z \cdot \bar{z} = (-3 + 4\mathrm{i})(-3 - 4\mathrm{i}) = 9 + 16 = 25 \tag{2.17}$$

sowie

$$\frac{z}{w} = \frac{-3 + 4\mathrm{i}}{6 - 8\mathrm{i}} = \frac{(-3 + 4\mathrm{i})(6 + 8\mathrm{i})}{(6 - 8\mathrm{i})(6 + 8\mathrm{i})} = \frac{-18 - 24\mathrm{i} + 24\mathrm{i} - 32}{6^2 + 8^2} = \frac{-50}{100} = -\frac{1}{2} \tag{2.18}$$

Letzteres folgt auch direkt aus:

$$\frac{-3+4i}{6-8i} = \frac{-3+4i}{(-2)(-3+4i)} = -\frac{1}{2} \qquad (2.19)$$

2.2.2 Lösungen polynomieller Gleichungen höheren Grades

Polynomielle Gleichungen können reelle Lösungen, komplexe Lösungen oder eine Kombination aus reellen und komplexen Lösungen haben. Der einfachste Fall sind quadratische Gleichungen wie $x^2 + a^2 = 0$, die zu $x^2 = -a^2$ umgestellt werden können. Dann ergeben sich als Lösungen

$$x_{1,2} = \pm\sqrt{-a^2} = \pm a \cdot i \qquad (2.20)$$

Dieses kann auch auf allgemeinere Gleichungen $x^2 + px + q = 0$ übertragen werden, deren Lösungen mit der pq-Formel $x_{1,2} = -\frac{p}{2} \pm \sqrt{\left(\frac{p}{2}\right)^2 - q}$ bestimmt werden können.

? Was sind die Lösungen von $x^2 + 2x + 10 = 0$?

Mittels pq-Formel ergibt sich unter Verwendung von Gl. (2.3)

$$x_{1,2} = -\frac{2}{2} \pm \sqrt{\left(\frac{2}{2}\right) - 10} = -1 \pm \sqrt{-9} = -1 \pm 3i \qquad (2.21)$$

Das Beispiel zeigt, dass die beiden Lösungen komplex-konjugiert zueinander sind. Solche Paare komplex konjugierter Lösungen treten immer auf, wenn alle Koeffizienten des Polynoms reelle Zahlen sind und die Anzahl der reellen Nullstellen kleiner als der Grad des Polynoms ist.

> **Lösungen von Polynomen mit reellen Koeffizienten**

Lösungen von polynomiellen Gleichungen mit reellen Koffizienten sind entweder reelle Zahlen oder komplex-konjugierte Paare von Zahlen, d. h. falls $a + ib$ eine Lösung ist, dann auch $a - ib$.

? Bestimmen Sie alle Lösungen von $z^3 - 3z^2 + 4z - 2 = 0$. Tipp: $z = 1 + i$ ist eine Nullstelle.

Man kann hier über das Hornerschema ansetzen und erhält:

$$\begin{array}{c|cccc} & 1 & -3 & 4 & -2 \\ 1+i & & 1+i & -3-i & 2 \\ \hline & 1 & -2+i & 1-i & 0 \end{array}$$

Der Quotient ist also $z^2 + (-2 + i) \cdot z + (1 - i)$. Man kann erkennen, dass $z = 1$ eine Nullstelle ist, woraus dann auch die letzte Nullstelle bestimmt werden kann:

$$\begin{array}{c|ccc} & 1 & -2+i & 1-i \\ 1 & & 1 & -1+i \\ \hline & 1 & -1+i & 0 \end{array}$$

Gesucht ist nun die Nullstelle von $z + (-1 + i) = 0$, also $z = 1 - i$. Damit sind alle drei Nullstellen bestimmt.

Mit Hilfe der Bemerkung zu der Lösung von Polynomen mit reellen Koeffizienten ist klar, dass mit $z = 1 + i$ auch $z = 1 - i$ eine Nullstelle ist. Als Polynom dritten Grades muss die dritte Nullstelle reell sein und da alle Koeffizienten ganzzahlig sind, muss sie ein Teiler von -2 sein, also $\pm 1, \pm 2$. Durch Einsetzen kann man $x = 1$ als dritte Nullstelle finden.

2.2.3 Potenzieren komplexer Zahlen in kartesischer Darstellung

In diesem Abschnitt wird zunächst eine komplexe Form des Binomischen Lehrsatzes eingeführt, anschließend an zwei Beispielen erläutert und dann mögliche Vereinfachungen vorgestellt.

Theorem 2.3 *Binomischer Lehrsatz für komplexe Zahlen in kartesischer Darstellung Seien* $x, y \in \mathbb{R}$ *und* $n \in \mathbb{N}_0$. *Dann ist:*

$$(x + iy)^n = \sum_{k=0}^{n} \binom{n}{k} x^{n-k} (iy)^k = \sum_{k=0}^{n} \binom{n}{k} x^k (iy)^{n-k} \qquad (2.22)$$

? Was ist $(1 + i)^4$ und was ist $(1 + i)^6$?

(a) Wir können den Binomischen Lehrsatz aus (2.22) mit $a = b = 1$ anwenden:

$$(1 + i)^4 = 1 \cdot 1^4 \cdot i^0 + 4 \cdot 1^3 \cdot i^1 + 6 \cdot 1^2 \cdot i^2 + 4 \cdot 1^1 \cdot i^3 + 1 \cdot 1^0 \cdot i^4$$
$$= 1 + 4i - 6 - 4i + 1 = -4$$

(b) Analog zu (a) ist wieder $a = b = 1$. Es folgt (für eine kürzere Schreibweise werden alle Potenzen von 1 direkt als 1 geschrieben):

$$(1 + i)^6 = 1 \cdot 1 \cdot i^0 + 6 \cdot 1 \cdot i^1 + 15 \cdot 1 \cdot i^2 + 20 \cdot 1 \cdot i^3 + 15 \cdot 1 \cdot i^4 + 6 \cdot 1 \cdot i^5 + 1 \cdot 1 \cdot i^6$$
$$= 1 + 6i - 15 - 20i + 15 + 6i - 1 = -8i$$

Es zeigt sich jeweils, dass sich einige Terme gegenseitig direkt wegheben. Als Vereinfachung ist eine Anwendung der Potenzgesetze, insbesondere $a^{n \cdot m} = (a^n)^m$, denkbar. Damit können wir (a) zu $\left((1 + i)^2\right)^2$ umformen und erhalten

$$\left((1 + i)^2\right)^2 = (2i)^2 = -4 \qquad (2.23)$$

(b) kann dann einerseits als

$$\left((1 + i)^2\right)^3 = (2i)^3 = -8i \qquad (2.24)$$

oder als Produkt

$$(1 + i)^6 = (1 + i)^4 \cdot (1 + i)^2 = (-4) \cdot (2i) = -8i \qquad (2.25)$$

berechnet werden.

> **Schnelles Potenzieren**

Häufig können Potenzgesetze anstatt des binomischen Lehrsatzes angewendet werden, um Aufwand zu sparen.

? **Was ist** $(i-1)^9$, $\left(\frac{1+i}{-i}\right)^{12}$ **und** $(\sqrt{3}i-1)^{10}$?

Wegen $(i-1)^2 = -1 - 2i + 1 = -2i$ ist

$$(i-1)^8 = \left((i-1)^2\right)^4 = (-2i)^4 = 16 \tag{2.26}$$

und somit

$$(i-1)^9 = (i-1)^8 \cdot (i-1) = 16i - 16 \tag{2.27}$$

Es gilt $\left(\frac{1+i}{-i}\right)^{12} = \left(\frac{(1+i)\cdot i}{-i\cdot i}\right)^{12} = (i-1)^{12}$. Mit dem ersten Aufgabenteil folgt:

$$(i-1)^{12} = \left((i-1)^2\right)^6 = (-2i)^6 = -64 \tag{2.28}$$

Wir berechnen, dass

$$(\sqrt{3}i-1)^2 = -3 - 2\sqrt{3}i + 1 = -2(1 + \sqrt{3}i) \tag{2.29}$$

und

$$(\sqrt{3}i-1)^3 = (\sqrt{3}i-1)^2(\sqrt{3}i-1) = -2(1+\sqrt{3}i)(\sqrt{3}i-1) = -2(-3-1) = 8. \tag{2.30}$$

Damit erhalten wir:

$$(\sqrt{3}i-1)^{10} = \left((\sqrt{3}i-1)^3\right)^3 \cdot (\sqrt{3}i-1)$$
$$= 8^3 \cdot (\sqrt{3}i-1) = 512 \cdot (\sqrt{3}i-1) = 512\sqrt{3}i - 512$$

2.3   Geometrische Darstellungen komplexer Zahlen in der Gaußschen Zahlenebene

In diesem Abschnitt lernen wir eine nützliche Darstellungsform komplexer Zahlen: Da eine komplexe Zahl über zwei reelle Zahlen x und y beschrieben werden kann, kann man sie direkt unter Verwendung eines Vektors in eine Ebene übertragen. Dabei sind – wie üblich – die waagerechte Achse die x-Achse und die senkrechte Achse die y-Achse. Der x-Wert ist dabei entsprechend der Realteil und der y-Wert der Imaginärteil:

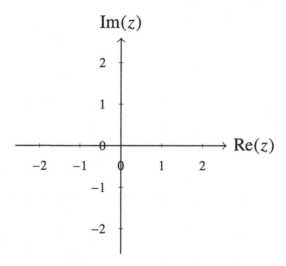

In dieser Darstellungsform wird die komplexe Zahl $z = 1 + 5\mathrm{i}$ durch eine Gerade dargestellt, die bei dem Ursprung anfängt und an dem Punkt $(1, 5)$ endet. Analog würde $w = -2+\mathrm{i}$ mit einer Gerade vom Ursprung bis zum Punkt $(-2, 1)$ dargestellt. In einer solchen Darstellung heißt die Ebene die Gaußsche Zahlenebene. Der Betrag von z bzw. w ist hier die Länge des Vektors, welcher z bzw. w darstellt.

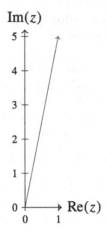

Im folgenden übertragen wir die Regeln für komplexe Zahlen, welche wir im vorherigen Abschnitt kennengelernt haben: Wir wissen, dass für $z = a + ib$ und $w = c + id$ gilt:

$$z + w = (a + c) + i(b + d) \qquad (2.31)$$

Wir addieren also jeweils die beiden Realteile bzw. die beiden Imaginärteile. Analog passiert das genauso bei der Addition und Subtraktion von zwei Vektoren, die kommutativ ist. Wir erhalten

$$\mathbf{v} + \mathbf{u} = (a + c) \cdot \begin{pmatrix} 1 \\ 0 \end{pmatrix} + (b + d) \cdot \begin{pmatrix} 0 \\ 1 \end{pmatrix} = \mathbf{u} + \mathbf{v} \qquad (2.32)$$

Wir erkennen, dass die Addition bzw. Subtraktion von komplexen Zahlen in kartesischer Darstellung analog zu der Addition bzw. Subtraktion von zweidimensionalen Vektoren ist. Für Multiplikation und Division scheint diese Darstellung aber weniger nützlich zu sein. Aus diesem Grund führen wir die im nächsten Kapitel gleich zwei nützlichere Formen ein.

> **Die komplexen Zahlen haben keine Anordnungseigenschaft**

An der Gaußschen Zahlenebene als zweidimensionaler Darstellungsform anstatt einer Zahlengerade erkennen wir, dass wir keine Relationen, also $<$, $=$ oder $>$, angeben können. Damit verlieren wir die Anordnungseigenschaft, die bei allen anderen in Kap. 1 vorgestellten Zahlbereichen, also $\mathbb{N}$, $\mathbb{Z}$, $\mathbb{Q}$ und $\mathbb{R}$, vorhanden ist. Wir können also für $z, w \in \mathbb{C}$ nicht angeben, ob $z < w$, $z = w$ oder $z > w$ ist. Eine Abhilfe kann das Betrachten ihrer Beträge liefern, da dieses reelle Zahlen sind, die die in Kap. 1 vorgestellte Anordnungseigenschaft haben.

Zwei weitere Darstellungen: Von der Polarform zur Eulerform

3

Dieses Kapitel stellt – nach einer kurzen Wiederholung von Vorkurs-Inhalten zur Trigonometrie – zwei weitere Darstellungsformen komplexer Zahlen vor, die Polarform und die Eulerform. Beide haben Vorteile gegenüber der kartesischer Form bezüglich Multiplizieren, Dividieren und Potenzieren. Insbesondere die Eulerform ist dabei sehr verbreitet in Ingenieur- und Naturwissenschaften.

Nach der Auseinandersetzung mit diesem Kapitel können Sie die Polarform und die Eulerform einer komplexen Zahl bestimmen und zwischen den drei Darstellungsform (kartesische Form, Polarform, Eulerform) umrechnen. Sie können komplexe Zahlen in Polarform und Eulerform multiplizieren, dividieren und potenzieren.

3.1 Auffrischung zum Thema „Trigonometrie"

Sinus und Kosinus werden üblicherweise als Seitenverhältnisse in rechtwinkligen Dreiecken eingeführt. Für die Anwendung im Zusammenhang mit komplexen Zahlen ist aber die Übertragung auf den Einheitskreis entscheidend.

> **Einheitskreis und sein Zusammenhang zu Sinus und Kosinus**

Der Einheitskreis ist der Kreis mit Radius 1 und dem Ursprung, also dem Punkt $(0, 0)$, als Mittelpunkt. Wir betrachten nun eine Gerade, die einen Winkel von φ zur positiven x-Achse hat:

© Springer Fachmedien Wiesbaden GmbH, ein Teil von Springer Nature 2020
J. Kortemeyer, *Komplexe Zahlen,* essentials,
https://doi.org/10.1007/978-3-658-29883-8_3

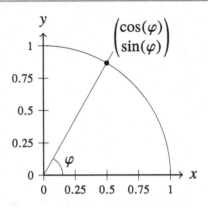

Der Schnittpunkt dieser Geraden mit dem Einheitskreis ist gegeben durch $\begin{pmatrix} \cos(\varphi) \\ \sin(\varphi) \end{pmatrix}$.
Damit liefert bei einer Zerlegung $\cos(\varphi)$ den waagerechten Anteil und $\sin(\varphi)$ den senkrechten Anteil einer Verbindungsgerade mit Länge 1 zwischen Ursprung und Kreisring.

Zusammenhang zu rechtwinkligen Dreiecken

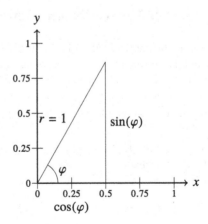

Der Sinus ist definiert als der Quotient aus der Länge der Gegenkathete und der Länge der Hypotenuse in einem rechtwinkligen Dreieck. Der Kosinus wiederum ist der Quotient aus der Länge der Ankathete und der Länge der Hypotenuse in einem rechtwinkligen Dreieck. Hier ist die Hypotenusenlänge, die in diesem Fall dem Abstand von Kreismittelpunkt zum Kreisrand entspricht, gleich 1, da diese Länge dem Radius entspricht. So werden jeweils in den Quotienten für Sinus und Kosinus jeweils die Nenner zu 1. So erhalten wir beim Sinus die Länge der Gegenkathete, was der Abstand von der x-Achse zum y-Wert (also der y-Anteil) ist. Analog erhalten wir beim Kosinus die Länge der Ankathete, also den Abstand von der y-Achse zum x-Wert, d. h. den x-Anteil.

Wir können aber unter Anwendung des Satzes des Pythagoras noch etwas weiteres erkennen: Es gilt für beliebige Winkel φ:

$$\sin(\varphi)^2 + \cos(\varphi)^2 = 1. \tag{3.1}$$

Diese Aussage bezeichnet man als trigonometrischen Pythagoras.

Definition 3.1 An Hochschulen werden Winkel üblicherweise im Bogenmaß (englisch: radians) angegeben. Aus dem Gradmaß kann man folgendermaßen umrechnen:

$$x° \text{ entsprechen } y = \frac{x}{180} \cdot \pi \text{ im Bogenmaß} \tag{3.2}$$

Damit sind $180°$ im Gradmaß z. B. π im Bogenmaß.

> **Periodizität und Symmetrieeigenschaften von Sinus und Kosinus**

Der Sinus und der Kosinus sind 2π-periodische Funktionen, d. h. es gilt

$$\sin(\varphi) = \sin(\varphi + 2k\pi), \quad \cos(\varphi) = \cos(\varphi + 2k\pi) \quad k \in \mathbb{Z} \tag{3.3}$$

Der Sinus ist punktsymmetrisch zum Ursprung, d. h. für alle Winkel φ gilt:

$$\sin(-\varphi) = -\sin(\varphi) \tag{3.4}$$

Der Kosinus ist achsensymmetrisch zur y-Achse, d. h. für alle Winkel φ gilt:

$$\cos(\varphi) = \cos(-\varphi) \tag{3.5}$$

Winkeltabelle

Winkel α	0 [= 0°]	$\frac{\pi}{6}$ [= 30°]	$\frac{\pi}{4}$ [= 45°]	$\frac{\pi}{3}$ [= 60°]	$\frac{\pi}{2}$ [= 90°]
$\sin(\alpha)$	$0 = \frac{\sqrt{0}}{2}$	$\frac{1}{2} = \frac{\sqrt{1}}{2}$	$\frac{1}{\sqrt{2}} = \frac{\sqrt{2}}{2}$	$\frac{\sqrt{3}}{2}$	$1 = \frac{\sqrt{4}}{2}$
$\cos(\alpha)$	$1 = \frac{\sqrt{4}}{2}$	$\frac{\sqrt{3}}{2}$	$\frac{1}{\sqrt{2}} = \frac{\sqrt{2}}{2}$	$\frac{1}{2} = \frac{\sqrt{1}}{2}$	$0 = \frac{\sqrt{0}}{2}$

Man kann aus der Tabelle eine Eselsbrücke für die Sinus- und Kosinus-Werte der Winkel an den vorgegebenen Stellen ablesen, d. h. 0, $\frac{\pi}{6}$, $\frac{\pi}{4}$, $\frac{\pi}{3}$ und $\frac{\pi}{2}$. Bei den Sinuswerten kann man bei $\frac{\sqrt{k}}{2}$ nacheinander $k = 0$ bis $k = 4$ einsetzen; beim Kosinus ist es genau umgekehrt, also startend von $k = 4$ und dann absteigend bis $k = 0$. Weitere Werte kann man durch Spiegeln an der x- bzw. y-Achse erhalten.

Theorem 3.1 *(Additionstheoreme) Für beliebige Winkel φ, θ gilt:*

1.
$$\sin(\varphi \pm \theta) = \sin(\varphi)\cos(\theta) \pm \sin(\theta)\cos(\varphi) \tag{3.6}$$

2.
$$\cos(\varphi \pm \theta) = \cos(\varphi)\cos(\theta) \mp \sin(\theta)\sin(\varphi) \tag{3.7}$$

Wenn wir $\varphi = \theta$ setzen, können wir zwei weitere Aussagen erhalten:

$$\sin(2\varphi) = 2\sin(\varphi)\cos(\varphi) \tag{3.8}$$

$$\cos(2\varphi) = \cos(\varphi)^2 - \sin(\varphi)^2 \tag{3.9}$$

3.2 Die Polarform

Wir wissen nach Abschn. 2.3, dass die komplexe Zahl $z = a + ib$ als ein Vektor vom Ursprung mit Endpunkt P an den kartesischen Koordinaten (a, b) dargestellt werden kann.

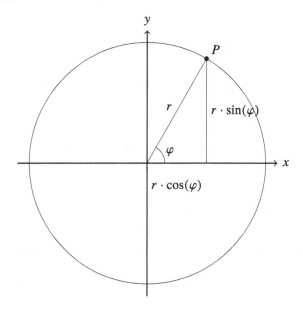

Zur Beschreibung dieses Punktes führen wir Polarkoordinaten (r, φ) ein, siehe Abbildung. Dabei ist r der Abstand des Punktes $P = a + ib$ zum Ursprung und φ der Winkel zur positiven x-Achse. Unter Verwendung eines rechtwinkligen Dreiecks ergibt sich so ein direkter Zusammenhang zwischen (a, b) und (r, φ):

$$a = r \cos(\varphi), \quad b = r \sin(\varphi) \tag{3.10}$$

bzw. umgekehrt (nach Satz des Pythagoras bzw. Trigonometrie, vgl. Abschn. 3.1):

$$r = \sqrt{a^2 + b^2}, \quad \tan(\varphi) = \frac{b}{a} \Leftrightarrow \varphi = \arctan\left(\frac{b}{a}\right) \tag{3.11}$$

Damit kann nun die Polarform eingeführt werden:

$$z = a + ib = r \cos(\varphi) + ir \sin(\varphi) = r(\cos(\varphi) + i \sin(\varphi)) \tag{3.12}$$

Üblicherweise wird der Winkel φ im Bogenmaß angegeben und liegt im Intervall $0 < \varphi < 2\pi$. Aufgrund der 2π-Periodizität von Sinus und Kosinus gilt, dass $\varphi + 2k\pi$, $k \in \mathbb{Z}$, äquivalent zu φ ist.

> **Polarform**

Für $z = a + ib$ gilt
$$z = r(\cos(\varphi) + i\sin(\varphi)) \qquad (3.13)$$
mit $r = |z| = \sqrt{a^2 + b^2}$ und $\varphi = \arg(z) = \arctan\left(\frac{b}{a}\right)$. In diesem Fall heißt r der <u>Betrag</u> und φ der <u>Winkel</u> bzw. das <u>Argument</u> der komplexen Zahl z. Diese Darstellung heißt <u>Polarform</u>.

? **Stellen Sie $z = 1 + i$ und $w = -1 - i$ in Polarform dar.**

Für z und w gilt, dass $r = \sqrt{1^2 + 1^2} = \sqrt{(-1)^2 + (-1)^2} = \sqrt{2}$ ist. Außerdem können wir berechnen, dass in beiden Fällen $\tan(\varphi) = \frac{1}{1} = \frac{-1}{-1} = 1$ ist. Nun müssen wir bedenken, dass der Tangens als Quotient von Sinus und Kosinus eine π-periodische Funktion ist. Wir müssen daher überlegen, in welchen Quadranten z und w liegen:

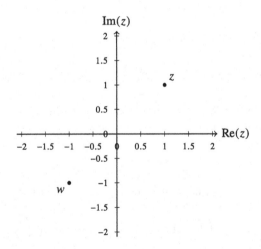

Wenn $\tan(\varphi) = 1$ ist, bedeutet es, dass $\sin(\varphi) = \cos(\varphi)$ ist. Das gilt genau bei den beiden Winkeln $\varphi_1 = \frac{\pi}{4}$ und $\frac{5\pi}{4}$. Über die Vorstellung im Koordinatensystem erkennen wir, dass bei z der Winkel $\frac{\pi}{4}$ ist und bei w $\frac{5\pi}{4}$. Also gilt:

$z = \sqrt{2}\left(\cos\left(\frac{\pi}{4}\right) + \mathrm{i}\sin\left(\frac{\pi}{4}\right)\right)$ und $w = \sqrt{2}\left(\cos\left(\frac{5\pi}{4}\right) + \mathrm{i}\sin\left(\frac{5\pi}{4}\right)\right)$

! Typischer Fehler

Unter der Wurzel steht immer eine Summe positiver Zahlen: Für $w = -1 - \mathrm{i}$ wird teilweise fehlerhaft anstatt $r = \sqrt{(-1)^2 + (-1)^2}$ der Ausdruck $\sqrt{(-1)^2 + (-\mathrm{i})^2} = 0$ berechnet, also das i fälschlicherweise in den Imaginärteil gezogen. Dieser ist wie in Abschn. 2.1 erläutert eine reelle Zahl, nämlich die Zahl, die in der kartesischen Darstellung mit i multipliziert wird.

3.2.1 Multiplikation und Division in Polarform

Bislang zeigen sich keine Vorteile der Polarform. Insbesondere die Berechnung von $\arg(z)$ kann schwierig sein. Dennoch wird die Polarform einer komplexen Zahl häufig zur Multiplikation und Division komplexer Zahlen verwendet. Hierzu betrachten wir zwei komplexe Zahlen in Polarform:

Theorem 3.2 *Seien* $z = r(\cos(\varphi) + \mathrm{i}\sin(\varphi))$, $w = s(\cos(\theta) + \mathrm{i}\sin(\theta))$ *zwei komplexe Zahlen. Dann ist:*

(a)
$$z \cdot w = rs\left(\cos(\varphi + \theta) + \mathrm{i}\sin(\varphi + \theta)\right) \tag{3.14}$$

(b)
$$\frac{z}{w} = \frac{r}{s}\left(\cos(\varphi - \theta) + \mathrm{i}\sin(\varphi - \theta)\right) \tag{3.15}$$

Beweis zu (a) Als Produkt ergibt sich folgendes, wobei im letzten Schritt die Additionstheoreme (3.6) und (3.7) eingesetzt werden:

$$z \cdot w = (r(\cos(\varphi) + \mathrm{i}\sin(\varphi)) \cdot (s(\cos(\theta) + \mathrm{i}\sin(\theta)))$$
$$= rs\left(\cos(\varphi)\cos(\theta) - \sin(\varphi)\sin(\theta) + \mathrm{i}(\sin(\varphi)\cos(\theta) + \cos(\varphi)\sin(\theta))\right)$$
$$= rs\left(\cos(\varphi + \theta) + \mathrm{i}\sin(\varphi + \theta)\right)$$

Zu (b) funktioniert der Beweis analog.   □

> **Multiplikation (bzw. Division) komplexer Zahlen in Polarform**

Beim Produkt zweier komplexer Zahlen in Polarform werden die Beträge r und s multipliziert und die Winkel φ und θ addiert. Bei der Division werden die Beträge r und s dividiert und die Winkel φ und θ subtrahiert.

? Seien $z = 2\left(\cos\left(\frac{\pi}{6}\right) + i\sin\left(\frac{\pi}{6}\right)\right)$ und $w = 3\left(\cos\left(\frac{\pi}{3}\right) + i\sin\left(\frac{\pi}{3}\right)\right)$. Was ist $z \cdot w$?

$$
\begin{aligned}
z \cdot w &= 2\left(\cos\left(\frac{\pi}{6}\right) + i\sin\left(\frac{\pi}{6}\right)\right) \cdot 3\left(\cos\left(\frac{\pi}{3}\right) + i\sin\left(\frac{\pi}{3}\right)\right) \\
&= 2 \cdot 3 \cdot \left(\cos\left(\frac{\pi}{6}\right) + i\sin\left(\frac{\pi}{6}\right)\right) \cdot \left(\cos\left(\frac{\pi}{3}\right) + i\sin\left(\frac{\pi}{3}\right)\right) \\
&= 6 \cdot \left(\cos\left(\frac{\pi}{6} + \frac{\pi}{3}\right) + i\sin\left(\frac{\pi}{6} + \frac{\pi}{3}\right)\right) \\
&= 6 \cdot \left(\cos\left(\frac{\pi}{2}\right) + i\sin\left(\frac{\pi}{2}\right)\right) = 6i
\end{aligned}
$$

3.2.2   Potenzieren komplexer Zahlen in Polarform

Der Einfachheit halber betrachten wir zunächst eine komplexe Zahl in Polarform mit Betrag 1, also $z = \cos(\varphi) + i\sin(\varphi)$. Beim Potenzieren wird der Betrag potenziert, vgl. Abschn. 3.2.1. Bei der Betrachtung des Winkels φ wird sich zeigen, dass das Potenzieren hier Bewegungen auf dem Einheitskreis bewirkt.

Theorem 3.3 *Es gilt:*

$$(\cos(\varphi) + i\sin(\varphi))^n = \cos(n\varphi) + i\sin(n\varphi) \tag{3.16}$$

Beweis Wir überprüfen die Aussage zunächst für $n = 2$:

$$
\begin{aligned}
(\cos(\varphi) + i\sin(\varphi))^2 &= (\cos(\varphi) + i\sin(\varphi)) \cdot (\cos(\varphi) + i\sin(\varphi)) \\
&= \cos(\varphi)^2 + i\cos(\varphi)\sin(\varphi) + i\cos(\varphi)\sin(\varphi) + i^2\sin(\varphi)^2 \\
&= \cos(\varphi)^2 - \sin(\varphi)^2 + 2i\cos(\varphi)\sin(\varphi) \\
&\overset{(3.8),(3.9)}{=} \cos(\varphi + \varphi) + i\sin(\varphi + \varphi) = \cos(2\varphi) + i\sin(2\varphi)
\end{aligned}
$$

Für $n = 3$ erhalten wir:

$$
\begin{aligned}
(\cos(\varphi) + \mathrm{i}\sin(\varphi))^3 &= (\cos(\varphi) + \mathrm{i}\sin(\varphi))^2 \cdot (\cos(\varphi) + \mathrm{i}\sin(\varphi)) \\
&= (\cos(2\varphi) + \mathrm{i}\sin(2\varphi)) \cdot (\cos(\varphi) + \mathrm{i}\sin(\varphi)) \\
&= \cos(2\varphi)\cos(\varphi) + \mathrm{i}\cos(2\varphi)\sin(\varphi) + \mathrm{i}\cos(\varphi)\sin(2\varphi) + \mathrm{i}^2\sin(2\varphi)\sin(\varphi) \\
&= \cos(2\varphi)\cos(\varphi) - \sin(2\varphi)\sin(\varphi) + \mathrm{i}\,(\cos(2\varphi)\sin(\varphi) + \cos(\varphi)\sin(2\varphi)) \\
&\stackrel{(3.6),(3.7)}{=} \cos(2\varphi + \varphi) + \mathrm{i}\sin(2\varphi + \varphi) = \cos(3\varphi) + \mathrm{i}\sin(3\varphi)
\end{aligned}
$$

Analog kann man diese Aussage nun für beliebige $n \in \mathbb{N}$ zeigen. $\qquad\square$

? Sei $z = \cos\left(\frac{\pi}{4}\right) + \mathrm{i}\sin\left(\frac{\pi}{4}\right) = \frac{1}{\sqrt{2}} + \mathrm{i}\frac{1}{\sqrt{2}}$. Was sind z^2 und z^4 und wo liegen diese beiden Zahlen in der Gaußschen Zahlenebene?

-
$$
z^2 = \left(\frac{1}{\sqrt{2}} + \mathrm{i}\frac{1}{\sqrt{2}}\right) \cdot \left(\frac{1}{\sqrt{2}} + \mathrm{i}\frac{1}{\sqrt{2}}\right) = \frac{1}{2} + 2 \cdot \frac{1}{2}\mathrm{i} - \frac{1}{2} = \mathrm{i} \tag{3.17}
$$

Wenn man die Zahlen nun auf dem Einheitskreis einzeichnet, befindet sich z auf der Winkelhalbierenden im ersten Quadranten und i direkt auf der positiven y-Achse. Bei Betrachtung des Winkel φ sieht man, dass er sich beim Übergang von z zu z^2 verdoppelt.

-
$$
z^4 = z^2 \cdot z^2 = \mathrm{i}^2 = -1 : \tag{3.18}
$$

Einzeichnen zeigt, dass wir nun auf der negativen x-Achse sind und sich somit der Winkel wieder verdoppelt hat.

Wir haben übrigens gerade mit z eine Quadratwurzel von i kennengelernt. Diese Überlegungen vertiefen wir in Kap. 4.

? Was sind die Potenzen von $\cos\left(\frac{\pi}{6}\right) + \mathrm{i}\sin\left(\frac{\pi}{6}\right) = \frac{\sqrt{3}}{2} + \mathrm{i}\frac{1}{2}$?

Nach Theorem 3.3 werden bei der linken Seite beim Potenzieren alle Vielfachen von $\frac{\pi}{6}$ als Winkel durchlaufen.

Im Folgenden nehmen wir das Bild einer analogen Uhr zur Hilfe: Wenn man die Gauss'sche Zahlenebene auf eine analoge Uhr legt, so dass die x-Achse die Stundenzahlen $\boxed{3}$ und $\boxed{9}$ verbindet sowie die y-Achse die Zahlen $\boxed{6}$ und $\boxed{12}$, so liegt die in der Aufgabe angegebene Zahl $\cos\left(\frac{\pi}{6}\right) + i\sin\left(\frac{\pi}{6}\right)$ genau bei der $\boxed{2}$ mit einem Abstand von 1 vom Schnittpunkt der x- und y-Achse, also dem Ursprung des Koordinatensystems. (Nach Abschn. 3.1 liefert $\begin{pmatrix} \cos(\varphi) \\ \sin(\varphi) \end{pmatrix}$ genau den Punkt auf dem Einheitskreis, der zur x-Achse den Winkel φ hat.)

Beim Potenzieren werden nun die Stundenzahlen rückwärts durchlaufen, also $\boxed{2}$ $\boxed{1}$ $\boxed{12}$ $\boxed{11}$ $\boxed{10}$ etc. Durch die 2π-Periodizität von Sinus und Kosinus werden durch das Potenzieren die Stundenzeiger der Uhr immer wieder gegen den Uhrzeigersinn durchlaufen. Im Folgenden setzen wir zur Übersichtlichkeit die angegebene Stelle, die bei $\boxed{2}$ liegt, als $\boxed{A}$, also: $\boxed{A} := \frac{\sqrt{3}}{2} + \frac{1}{2}i$.

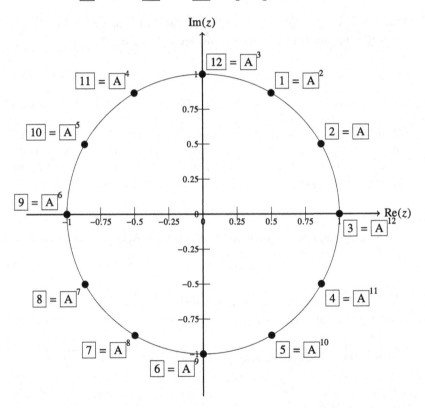

Wir verifizieren nun die beschriebene Bewegung auf der Uhr bzw. dem Einheitskreis
für die kartesische Darstellung bei den ersten vier Potenzen:

1. Laut Aufgabe (und man kann es über die Winkeltabelle aus Abschn. 3.1 überprüfen) gilt:

$$\frac{\sqrt{3}}{2} + \frac{1}{2}i = \cos\left(\frac{\pi}{6}\right) + i\sin\left(\frac{\pi}{6}\right) \tag{3.19}$$

2. $\boxed{A}^2$:

$$\boxed{A}^2 = \boxed{A} \cdot \boxed{A} = \frac{3}{4} - \frac{1}{4} + 2 \cdot \frac{\sqrt{3}}{4}i = \frac{1}{2} + \frac{\sqrt{3}}{2}i = \cos\left(\frac{\pi}{3}\right) + i\sin\left(\frac{\pi}{3}\right) \tag{3.20}$$

3. $\boxed{A}^3$:

$$\boxed{A}^3 = \boxed{A}^2 \cdot \boxed{A} = \frac{\sqrt{3}}{4} + \frac{1}{4}i + \frac{3}{4}i - \frac{\sqrt{3}}{4} = i = \cos\left(\frac{\pi}{2}\right) + i\sin\left(\frac{\pi}{2}\right) \tag{3.21}$$

4. $\boxed{A}^4$:

$$\boxed{A}^4 = \boxed{A}^3 \cdot \boxed{A} = i \cdot \left(\frac{\sqrt{3}}{2} + \frac{1}{2}i\right) = -\frac{1}{2} + \frac{\sqrt{3}}{2}i = \cos\left(\frac{2\pi}{3}\right) + i\sin\left(\frac{2\pi}{3}\right) \tag{3.22}$$

Damit ist die beschriebene Bewegung auch für die ersten Potenzen der rechten
Seite verifiziert. Potenzieren von $\boxed{A}$ beschreibt also eine Bewegung auf den Stun-
denzeigern gegen den Uhrzeigersinn entlang des Einheitskreises. Dazu kommt in
Kap. 4 noch mehr!

Wir haben außerdem eine komplexe Zahl $\boxed{A}$ gefunden, deren dritte Potenz i ist:
Unter Berücksichtigung von Potenzgesetzen und den bereits beschriebenen
Potenzen von i erhalten wir

$$\boxed{A}^6 = i^2 = -1, \quad \boxed{A}^9 = i^3 = -i \text{ und } \boxed{A}^{12} = i^4 = 1 \tag{3.23}$$

Dieses ist – ähnlich wie die Potenzen von i – erweiterbar zu

$$\boxed{A}^{3+12k} = i, \quad \boxed{A}^{6+12k} = i^2 = -1, \quad \boxed{A}^{9+12k} = i^3 = -i \text{ und } \boxed{A}^{12+12k} = i^4 = 1 \tag{3.24}$$

$(k \in \mathbb{Z})$. Durch Multiplikation mit $\boxed{A}$ oder $\boxed{A}^2$ erhalten wir alle weiteren Potenzen von $\boxed{A}$.

3.3 Zusammenhang zwischen Exponentialfunktionen und trigonometrischen Funktionen

Im Folgenden wird die Verbindung zwischen Polarform und Eulerform aufgezeigt. Für ein tieferes Verständnis wird die Theorie von Reihen gebraucht.

Begründung der Darstellung

Mit Hilfe von Taylorreihen mit Entwicklungspunkt $x_0 = 0$ können die Exponential-, die Sinus- und die Kosinusfunktion folgendermaßen dargestellt werden:

$$e^x = \sum_{n=0}^{\infty} \frac{x^n}{n!}, \quad \sin(x) = \sum_{n=0}^{\infty} (-1)^n \frac{x^{2n+1}}{(2n+1)!}, \quad \cos(x) = \sum_{n=0}^{\infty} (-1)^n \frac{x^{2n}}{(2n)!}$$
(3.25)

Durch Einsetzen erhalten wir:

$$\begin{aligned}
\cos(x) + i\sin(x) &= \sum_{n=0}^{\infty} (-1)^n \frac{x^{2n}}{(2n)!} + i \sum_{n=0}^{\infty} (-1)^n \frac{x^{2n+1}}{(2n+1)!} \\
&= \left(1 - \frac{x^2}{2!} + \frac{x^4}{4!} - \frac{x^6}{6!} \pm \cdots \right) + i\left(x - \frac{x^3}{3!} + \frac{x^5}{5!} - \frac{x^7}{7!} \pm \cdots \right) \\
&= \frac{(ix)^0}{0!} + \frac{(ix)^1}{1!} + \frac{(ix)^2}{2!} + \frac{(ix)^3}{3!} + \frac{(ix)^4}{4!} + \frac{(ix)^5}{5!} + \frac{(ix)^6}{6!} + \frac{(ix)^7}{7!} + \cdots \\
&= e^{ix}
\end{aligned}$$

Definition 3.2 Mit Hilfe der Polarform aus dem vorherigen Kapitel können wir kürzer schreiben:

$$e^{i\varphi} = \cos(\varphi) + i\sin(\varphi)$$
(3.26)

> **Die komplexe Exponentialfunktion ist 2π-periodisch**

Die Definition zeigt, dass sich die komplexe Exponentialfunktion $e^{i\varphi}$ deutlich von der reellen Exponentialfunktion e^x unterscheidet. Die reelle Exponentialfunktion ist monoton wachsend und hat für keinen Exponenten einen Funktionswert, der kleiner oder gleich 0 ist. Dieses gilt beides nicht für die komplexe Exponentialfunktion, die im Gegensatz zur reellen Exponentialfunktion durch den Zusammenhang zu Sinus und Kosinus sogar periodisch ist.

? **Wie können $e^{i\pi}$ und $e^{i \cdot \frac{\pi}{3}}$ in die beiden anderen Darstellungen umgerechnet werden?**

(a) $e^{i\pi} = \cos(\pi) + i\sin(\pi) = -1 + i \cdot 0 = -1$

(b) $e^{i \cdot \frac{\pi}{3}} = \cos\left(\frac{\pi}{3}\right) + i \cdot \sin\left(\frac{\pi}{3}\right) = \frac{1}{2} + i\frac{\sqrt{3}}{2}$

3.4 Die Eulerform

Unter Verwendung von $z = r(\cos(\varphi) + i\sin(\varphi))$ und $e^{i\varphi} = \cos(\varphi) + i\sin(\varphi)$ erhalten wir eine weitere Form zur Beschreibung einer komplexen Zahl: $z = re^{i\varphi}$, die sogenannte Eulerform.

> **Eulerform**

Die Eulerform einer komplexen Zahl ist

$$z = re^{i\varphi} \text{ mit } r = |z| \text{ und } \varphi = \arg(z), \tag{3.27}$$

das heißt

$$z = re^{i\varphi} = r(\cos(\varphi) + i\sin(\varphi)) \tag{3.28}$$

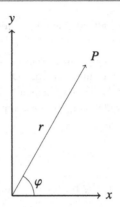

? Drücken Sie $z = 4\mathrm{e}^{\mathrm{i}\frac{\pi}{4}}$ in kartesischer Form aus

$$z = 4 \cdot \mathrm{e}^{\mathrm{i}\frac{\pi}{4}} = 4 \cdot \left(\cos\left(\frac{\pi}{4}\right) + \mathrm{i}\sin\left(\frac{\pi}{4}\right)\right) = 4 \cdot \left(\frac{\sqrt{2}}{2} + \mathrm{i}\frac{\sqrt{2}}{2}\right) = 2\sqrt{2} + 2\mathrm{i}\sqrt{2}$$

$$(3.29)$$

Wir überlegen nun, wie verschiedene Definitionen, die bereits in der kartesischen Darstellung und der Polarform betrachtet wurden, an die Eulerform angepasst werden können: Seien $z = r\mathrm{e}^{\mathrm{i}\varphi}$ und $w = s\mathrm{e}^{\mathrm{i}\theta}$. Was ergibt dann z^{-1}, $\bar{z}$ und $z \cdot w$?

(a)   Nach Potenzgesetzen gilt für z^{-1}:

$$z^{-1} = \frac{1}{r\mathrm{e}^{\mathrm{i}\varphi}} = \frac{1}{r}\mathrm{e}^{-i\varphi}$$

$$(3.30)$$

(b)   Für das komplex Konjugierte $\bar{z}$ erhalten wir unter Verwendung der Polarform $z = r\mathrm{e}^{\mathrm{i}\varphi} = r(\cos(\varphi) + \mathrm{i}\sin(\varphi))$. Dann ist in Polarform:

$$\bar{z} = r(\cos(\varphi) - \mathrm{i}\sin(\varphi))$$

$$(3.31)$$

Nun können wir die Symmetrieeigenschaften von Sinus und Kosinus verwenden, also $\sin(-x) = -\sin(x)$ und $\cos(x) = \cos(-x)$. Damit erhalten wir:

$$\overline{z} = r(\cos(\varphi) - i\sin(\varphi)) = r(\cos(-\varphi) + i\sin(-\varphi)) = re^{-i\varphi} \qquad (3.32)$$

Es zeigt sich: Wir können also analog zur kartesischen Form das i durch $-i$ ersetzen.

(c)

$$z \cdot w = \left(re^{i\varphi}\right) \cdot \left(se^{i\theta}\right) = rs \cdot e^{i\varphi + i\theta} = rs \cdot e^{i(\varphi+\theta)} \qquad (3.33)$$

Dieses gilt wiederum nach Potenzgesetzen.

Wir können auch nachrechnen:

$$z \cdot \overline{z} = re^{i\varphi} \cdot re^{-i\varphi} = r^2 e^{i\varphi - i\varphi} = r^2 e^0 = r^2 \qquad (3.34)$$

Dieses ist richtig, da in kartesischer Form $z \cdot \overline{z} = a^2 + b^2$ gilt und wiederum $r = \sqrt{a^2 + b^2}$ nach Definition der Eulerform ist.

? **Wie können die folgenden komplexen Zahlen in kartesischer Form in Eulerform umgerechnet werden?** $z_1 = -2$, $z_2 = -i$ und $z_3 = 1 - i$

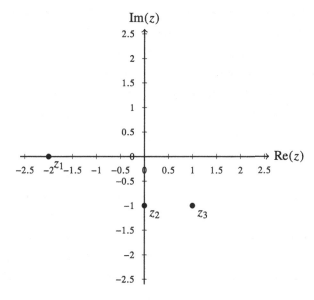

- Die Zahl z_1 hat den Abstand 2 zum Ursprung. Da der Abstand immer nicht-negativ ist, müssen wir das Minuszeichen über den Winkel erhalten. Der Winkel zur negativen x-Achse, auf der -2 liegt, ist π. Damit erhalten wir insgesamt: $z_1 = 2\mathrm{e}^{\mathrm{i}\pi}$.

- Die Zahl z_2 hat den Abstand 1 zum Ursprung. Analog zu z_1 ist der Abstand nicht negativ. Da wir uns auf der negativen y-Achse befinden, haben wir einen Winkel von $\frac{3}{2}\pi$ von der positiven x-Achse, betrachtet gegen den Uhrzeigersinn. Damit erhalten wir insgesamt: $z_2 = \mathrm{e}^{\frac{3}{2}\mathrm{i}\pi}$.

- Nach der Formel für r erhalten wir: $r = \sqrt{1^2 + 1^2} = \sqrt{2}$. Die Zahl befindet sich auf der Winkelhalbierenden des vierten Quadranten, was von der positiven x-Achse aus gegen den Uhrzeigersinn einen Winkel von $\frac{7}{4}\pi$ bedeutet. Damit ergibt sich: $z_3 = \sqrt{2}\mathrm{e}^{\mathrm{i}\frac{7}{4}\pi}$.

Komplexes Wurzelziehen – Der Satz von Moivre

4

Dieses Kapitel führen wir den Satz von Moivre ein und setzen uns mit seiner Aussage auseinander. Eine wichtige Anwendung des Satz von Moivre ist die Berechnung von komplexen Wurzeln von polynomiellen Gleichungen. Hierzu setzen wir uns mit Argument von z für eine komplexe Zahl z auseinander.

Nach der Auseinandersetzung mit diesem Kapitel können Sie den Satz von Moivre auf verschiedene Aufgabenstellungen anwenden. Sie können alle komplexen Wurzeln komplexer Zahlen bestimmen.

4.1 Vorüberlegungen

? Für welche beiden Zahlen gilt $z^2 = 3 + 4i$?

Zur Lösung dieser Aufgabe können wir z allgemein in kartesischer Darstellung als $z = a + ib$ annehmen. Daraus folgt:

$$z^2 = (a + ib)^2 = a^2 + 2abi + i^2 b = (a^2 - b^2) + 2abi \tag{4.1}$$

Mittels Koeffizientenvergleich bei den Real- und Imaginärteilen ergibt sich $a^2 - b^2 = 3$ und $2ab = 4$. So erhalten wir direkt beide Lösungen, nämlich $a = 2$ und $b = 1$ oder $a = -2$ und $b = -1$. Analog zu den Lösungen von $\sqrt{a^2}$ in den reellen Zahlen erkennen wir:

$$z^2 = 3 + 4i \Leftrightarrow z = \pm(2 + i) \tag{4.2}$$

© Springer Fachmedien Wiesbaden GmbH, ein Teil von Springer Nature 2020
J. Kortemeyer, *Komplexe Zahlen,* essentials,
https://doi.org/10.1007/978-3-658-29883-8_4

Dieser Weg ist allgemein jedoch sehr mühsam und erfordert die Anwendung des Binomischen Lehrsatzes (Theorem 2.3), für komplexe Zahlen, welcher bei höheren Exponenten zu immer mehr Summanden führt. Aus diesem Grund setzen wir uns nun mit den anderen beiden Darstellungen im Zusammenhang mit Wurzelziehen auseinander.

? Was sind die Lösungen von $x^{12} - 1 = 0$?

Wir haben in Kap. 1 die folgende Zerlegung bestimmt:

$$\left(x^2 - 1\right)\left(x^2 + 1 - x\right)\left(x^2 + 1 + x\right)\left(x^2 + 1\right)\left(x^2 + 1 - \sqrt{3}x\right)\left(x^2 + 1 + \sqrt{3}x\right)$$
$$(4.3)$$

In dem Kapitel konnten die beiden reellen Nullstellen von $x^2 - 1$, also $x_{1,2} = \pm 1$ bestimmt werden, aber aufgrund negativer Zahlen unter den Wurzeln keine weiteren. Wir können mit dem Wissen aus den weiteren Kapiteln fortsetzen: Mit Hilfe der pq-Formel können wir nun jedes quadratische Polynom in Linearfaktoren zerlegen. Wir können alle Lösungen als Stundenzahl einer analogen Uhr betrachten, welches analog zu der Aufgabe aus Abschn. 3.2 durch die Zahlen in den Kästchen angedeutet wird:

$$x^2 - 1 : x_{1,2} = \pm 1 \quad \boxed{3}, \boxed{9} \tag{4.4}$$

$$x^2 + 1 : x_{3,4} = \pm i \quad \boxed{12}, \boxed{6} \tag{4.5}$$

$$x^2 - x + 1 : x_{5,6} = \frac{1}{2} \pm \sqrt{\left(\frac{1}{2}\right)^2 - 1} = \frac{1}{2} \pm \frac{\sqrt{3}}{2}i \quad \boxed{1}, \boxed{5} \tag{4.6}$$

$$x^2 + x + 1 : x_{7,8} = -\frac{1}{2} \pm \sqrt{\left(-\frac{1}{2}\right)^2 - 1} = -\frac{1}{2} \pm \frac{\sqrt{3}}{2}i \quad \boxed{11}, \boxed{7} \tag{4.7}$$

$$x^2 - \sqrt{3}x + 1 : x_{9,10} = \frac{\sqrt{3}}{2} \pm \sqrt{\left(\frac{\sqrt{3}}{2}\right)^2 - 1} = \frac{\sqrt{3}}{2} \pm \frac{1}{2}i \quad \boxed{2}, \boxed{4} \tag{4.8}$$

$$x^2 + \sqrt{3}x + 1 : x_{11,12} = -\frac{\sqrt{3}}{2} \pm \sqrt{\left(-\frac{\sqrt{3}}{2}\right)^2 - 1} = -\frac{\sqrt{3}}{2} \pm \frac{1}{2}i \quad \boxed{10}, \boxed{8} \tag{4.9}$$

Über die Gleichung $e^{ix} = \cos(x) + i\sin(x)$ kann man nun die zwölf Werte in die Eulerform überführen. Beispiel:

$$\frac{\sqrt{3}}{2} + \frac{1}{2}i \Rightarrow \cos(x) = \frac{\sqrt{3}}{2}, \quad \sin(x) = \frac{1}{2}i \Rightarrow x = \frac{\pi}{6} \tag{4.10}$$

Also erhalten wir: $e^{i\frac{\pi}{6}} = \frac{\sqrt{3}}{2} + \frac{1}{2}i$ bei $\boxed{2}$, vgl. die Aufgabe aus Kap. 3.

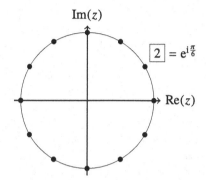

Die weiteren in der üblichen Darstellung von der positiven x-Achse aus gesehen:

$\boxed{2}\, e^{i\frac{\pi}{6}} = \frac{\sqrt{3}}{2} + \frac{1}{2}i$	$\boxed{1}\, e^{i\frac{\pi}{3}} = \frac{1}{2} + \frac{\sqrt{3}}{2}i$	$\boxed{12}\, e^{i\frac{\pi}{2}} = i$	$\boxed{11}\, e^{i\frac{2\pi}{3}} = -\frac{1}{2} + \frac{\sqrt{3}}{2}i$
$\boxed{10}\, e^{i\frac{5\pi}{6}} = -\frac{\sqrt{3}}{2} + \frac{1}{2}i$	$\boxed{9}\, e^{i\pi} = -1$	$\boxed{8}\, e^{i\frac{7\pi}{6}} = -\frac{\sqrt{3}}{2} - \frac{1}{2}i$	$\boxed{7}\, e^{i\frac{4\pi}{3}} = -\frac{1}{2} - \frac{\sqrt{3}}{2}i$
$\boxed{6}\, e^{i\frac{3\pi}{2}} = -i$	$\boxed{5}\, e^{i\frac{5\pi}{3}} = \frac{1}{2} - \frac{\sqrt{3}}{2}i$	$\boxed{4}\, e^{i\frac{11\pi}{6}} = \frac{\sqrt{3}}{2} - \frac{1}{2}i$	$\boxed{3}\, e^{i\frac{12\pi}{6}} = e^0 = 1$

4.2 Der Satz von Moivre

Wir haben in Kap. 3 bereits gesehen, dass sich in der Polarform das Potenzieren einer komplexen Zahl mit n so auswirkt, dass sich der Betrag mit n potenziert und der Winkel ver-n-facht. Dieses Resultat können wir auch für n-te Wurzeln verwenden, in dem wir mit $\frac{1}{n}$ potenzieren, was sich analog zu den Überlegungen aus Kap. 3 am Beispiel $n = \frac{1}{2}$ folgendermaßen auswirkt:

$$\sqrt{\cos(\varphi) + i\sin(\varphi)} = (\cos(\varphi) + i\sin(\varphi))^{\frac{1}{2}} = \cos\left(\frac{1}{2}\varphi\right) + i\sin\left(\frac{1}{2}\varphi\right) \tag{4.11}$$

Unter Verwendung von $\cos(\varphi) + \mathrm{i}\sin(\varphi) = \mathrm{e}^{\mathrm{i}\varphi}$ entspricht diese Aussage einem Potenzgesetz:

$$\sqrt{\mathrm{e}^{\mathrm{i}\varphi}} = \left(\mathrm{e}^{\mathrm{i}\varphi}\right)^{\frac{1}{2}} = \mathrm{e}^{\mathrm{i}\frac{\varphi}{2}} \tag{4.12}$$

Analog gilt das natürlich auch für beliebige Exponenten n, also: $\left(\mathrm{e}^{\mathrm{i}\varphi}\right)^{n} = \mathrm{e}^{\mathrm{i}n\varphi}$.
Wir befassen uns nun mit dem Wurzelziehen aus komplexen Zahlen, d. h. wir möchten untersuchen, welche Werte $\sqrt[n]{a}$ hat, wobei a eine komplexe Zahl ist. Dieses können wir umformulieren zu der Frage, für welche z Gleichungen der Form $z^{n} - a = 0$ erfüllt sind, also beispielsweise die Gleichung $z^{3} + 216 = 0$. Mit unseren Vorüberlegungen muss es insgesamt n verschiedene Lösungen geben. Ähnliches kennen wir aus den reellen Zahlen: die Gleichung $z^{2} - 9 = 0$ hat mit $z = 3$ und $z = -3$ genau $n = 2$ Lösungen. Zum Auffinden dieser Lösungen müssen wir das Argument von z näher untersuchen, wobei die Herangehensweise auch beispielsweise auf den genannten reellen Fall übertragen werden kann.

Wir wissen bereits, dass nach unserer Definition $\varphi = \arg(z)$ der Winkel zwischen der x-Achse und der Gerade zum zweidimensionalen Punkt P ist, vgl. Abschn. 2.3. Wir wissen auch, dass wir den Winkel φ wegen der 2π-Periodizität von Sinus und Kosinus um 2π erhöhen können und so denselben Vektor in der Gaußschen Zahlenebene erhalten. Allgemeiner gilt sogar, dass jedes ganzzahlige Vielfache 2π addiert oder subtrahiert werden kann, ohne dass sich die kartesische Form der komplexen Zahl verändert.

> **Eindeutigkeit von** $\arg(z)$

$\arg(z)$ ist eindeutig bis auf Vielfache von 2π im Bogenmaß.

Aus den vorherigen Kapiteln kennen wir die Polarform von $z = -1 + \mathrm{i}$, nämlich

$$z = -1 + \mathrm{i} = \sqrt{2}\left(\cos\left(\frac{3\pi}{4}\right) + \mathrm{i}\sin\left(\frac{3\pi}{4}\right)\right) \tag{4.13}$$

Diese Zahl wird aber auch durch

$$z = -1 + \mathrm{i} = \sqrt{2}\left(\cos\left(\frac{3\pi}{4} + 2\pi\right) + \mathrm{i}\sin\left(\frac{3\pi}{4} + 2\pi\right)\right) \tag{4.14}$$

beschrieben, wobei die kartesische Form identisch bleibt. Oder ganz allgemein wegen der 2π-Periodizität von Sinus und Kosinus, vgl. Gl. (3.3):

$$z = -1 + i = \sqrt{2}\left(\cos\left(\frac{3\pi}{4} + 2k\pi\right) + i\sin\left(\frac{3\pi}{4} + 2k\pi\right)\right) \text{ für } k \in \mathbb{Z} \quad (4.15)$$

Mit diesen Vorüberlegungen erhalten wir nun den Satz von Moivre:

Theorem 4.1 *(Satz von Moivre) Für $z = |z|(\cos(\varphi) + i\sin(\varphi))$ und $k \in \mathbb{N}$ gilt*

$$z^k = |z|^k(\cos(k\varphi) + i\sin(k\varphi)) = |z|e^{ik\varphi} \quad (4.16)$$

Damit ergibt sich für die n verschiedenen Wurzeln aus z:

$$z_k = \sqrt[n]{|z|}\left(\cos\left(\frac{\varphi + 2k\pi}{n}\right) + i\sin\left(\frac{\varphi + 2k\pi}{n}\right)\right) = \sqrt[n]{|z|}e^{i\frac{\varphi + 2k\pi}{n}}, k = 0, \ldots, n-1 \quad (4.17)$$

? Bestimmen Sie alle Lösungen von $z^3 + 216 = 0$.

Nach den Vorüberlegungen im Kap. 1 suchen wir hier insgesamt drei verschiedene Lösungen. Durch Umformung erhalten wir $z^3 = -216$ und können nun die rechte Seite als komplexe Zahl in Polarform schreiben:

$$z^3 = 216(\cos(\pi) + i\sin(\pi)), \text{ also } r = \sqrt{(-216)^2 + 0^2} = 216, \ \arg(-216) = \pi, \quad (4.18)$$

da -216 auf der negativen x-Achse liegt.

Wir können diesen Ausdruck verallgemeinern, in dem wir ganzzahlige Vielfache von 2π im Argument hinzuaddieren. Dadurch erhalten wir:

$$z^3 = 216(\cos(\pi + 2k\pi) + i\sin(\pi + 2k\pi)), k \in \mathbb{Z} \quad (4.19)$$

Durch Ziehen der dritten Wurzel erhalten wir nun die drei Lösungen unter Anwendung des Satzes von Moivre:

$$z_{0,1,2} = \sqrt[3]{216}(\cos(\pi + 2k\pi)) + i\sin(\pi + 2k\pi))^{1/3} \quad (4.20)$$

$$= \sqrt[3]{216}\left(\cos\left(\frac{\pi + 2k\pi}{3}\right) + i\sin\left(\frac{\pi + 2k\pi}{3}\right)\right) \quad (4.21)$$

Nun können wir entsprechend des Satzes von Moivre drei aufeinanderfolgende Werte von k einsetzen. Üblicherweise verwendet man hier $k = 0$ und danach aufsteigend eine passende Anzahl von Werten, also hier noch $k = 1$ und $k = 2$, da wir aufgrund des Grades des Polynoms drei Lösungen benötigen und wegen der 2π-Periodizität von Sinus und Kosinus die Lösungen für beispielsweise $k = 0$ und $k = 3$ oder auch für $k = 91$ und $k = 142$ identisch sind. Damit erhalten wir:

$$k = 0: \quad z_0 = 6\left(\cos\left(\frac{\pi}{3}\right) + i\sin\left(\frac{\pi}{3}\right)\right) \qquad = 3\left(1 + i\sqrt{3}\right)$$

$$k = 1: \quad z_1 = 6(\cos(\pi) + i\sin(\pi)) \qquad = -6$$

$$k = 2: \quad z_2 = 6\left(\cos\left(\frac{5\pi}{3}\right) + i\sin\left(\frac{5\pi}{3}\right)\right) \qquad = 3\left(1 - i\sqrt{3}\right)$$

Es kann durch Potenzieren mit 3 nachgerechnet werden, dass

$$\left(3\left(1 + i\sqrt{3}\right)\right)^3 = -216 = \left(3\left(1 - i\sqrt{3}\right)\right)^3 \qquad (4.22)$$

ist. Außerdem erkennt man, dass die beiden komplexen Lösungen der Gleichung entsprechend der Aussage aus Kap. 2 zueinander komplex konjugiert sind, denn $z^3 + 216 = 0$ hat nur reelle Koeffizienten.

Statt mit der Polarform können wir die gleiche Argumentation auch für die Eulerform verwenden. Wir führen es im folgenden analog für die Eulerform durch:

$$z^3 = -216 = 216e^{i\cdot\pi} \quad \text{(also: } r = \sqrt{(-216)^2 + 0^2} = 216, \ \arg(-216) = \pi)$$
$$= 216e^{i\cdot(\pi + 2k\pi)} \text{ für } k \in \mathbb{Z}$$

Durch Ziehen der dritten Wurzel erhalten wir:

$$z = \sqrt[3]{216}\left(e^{i\cdot(\pi + 2k\pi)}\right)^{\frac{1}{3}} = 6e^{\frac{i\cdot(\pi + 2k\pi)}{3}} \qquad (4.23)$$

Für k können nun ganzzahlige Werte eingesetzt werden, wobei üblicherweise 0 und eine passende Anzahl aufsteigender Werte verwendet werden (siehe oben):

$$z_0 = 6e^{i\cdot\frac{\pi}{3}} = 3\left(1 + i\sqrt{3}\right), \ z_1 = 6e^{i\pi} = -6, \ z_2 = 6e^{i\cdot\frac{5\pi}{3}} = 3\left(1 - i\sqrt{3}\right)$$
$$(4.24)$$

Diese drei Nullstellen von $z^3 + 216$ können so direkt über die Eulerform erhalten werden ohne einen Umweg über die Polarform:

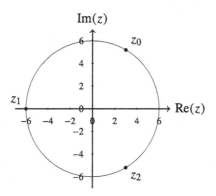

Es folgt nun eine weitere Aufgabe, die direkt mit der Eulerform arbeitet und gezielter auf die Umformungen bei den Winkeln eingeht:

? Bestimmen Sie alle Lösungen von $z^5 = 243i$ in Eulerform

Für die Umrechnung gilt: $z^5 = 243i = 243e^{i\frac{\pi}{2}}$. Damit erhalten wir als Lösungen: $z = \sqrt[5]{243}e^{i\varphi_k}$, $k = 0, \ldots, 4$, wobei gilt:

$$5\varphi_0 = \frac{\pi}{2} \Rightarrow \varphi_0 = \frac{\pi}{10}, \; 5\varphi_1 = \frac{\pi}{2} + 2\pi \Rightarrow \varphi_1 = \frac{\pi}{2}, \; 5\varphi_2 = \frac{\pi}{2} + 4\pi \Rightarrow \varphi_2 = \frac{9\pi}{10},$$

$$5\varphi_3 = \frac{\pi}{2} + 6\pi \Rightarrow \varphi_3 = \frac{13\pi}{10}, \; 5\varphi_4 = \frac{\pi}{2} + 8\pi \Rightarrow \varphi_4 = \frac{17\pi}{10}$$

Damit sind die gesuchten fünf Lösungen von $z^5 = 243i$:

$$z_0 = 3e^{i\frac{\pi}{10}}, \; z_1 = 3e^{i\frac{\pi}{2}}, \; z_2 = 3e^{i\frac{9\pi}{10}}, \; z_3 = 3e^{i\frac{13\pi}{10}}, \; z_4 = 3e^{i\frac{17\pi}{10}} \qquad (4.25)$$

Was Sie aus diesem *essential* mitnehmen können

- Die komplexen Zahlen sind eine Erweiterung der Zahlbereiche. Solche Zahlbereichserweiterungen gab es schon in der Schule: negative Zahlen, Brüche, reelle Zahlen wie $\sqrt{2}$ oder π.
- Es gibt insgesamt drei Darstellungen komplexer Zahlen: kartesische Darstellung, Polarform und Eulerform.
- Die verschiedenen Darstellungen sind für verschiedene Grundrechenarten unterschiedlich gut geeignet: Die kartesische Form ist besser für Addition und Subtraktion und die Eulerform besser für Potenzieren.
- Komplexe Zahlen in in allen drei Darstellungen in der Gaußschen Zahlenebene darstellbar.
- Das Thema „Komplexe Zahlen" hat eine enge Verwandtschaft zur Vektorrechnung, Trigonometrie und Potenzgesetzen.
- Jedes Polynom n-ten Grades hat genau n komplexe Nullstellen, welche über den Satz von Moivre bestimmt werden können.

© Springer Fachmedien Wiesbaden GmbH, ein Teil von Springer Nature 2020   45
J. Kortemeyer, *Komplexe Zahlen*, essentials,
https://doi.org/10.1007/978-3-658-29883-8

Literatur

Folgende Lehrbücher lieferten eine Orientierung für dieses Essential und beinhalten gute und ausführlichere Darstellungen des mathematischen Grundlagenthemas „Komplexe Zahlen". Sie stellen die Inhalte dieses Essentials in ausführlicherer und weiterführender Form dar:

1. Arens, T. et al. (2018). *Mathematik* (4. Aufl.). Heidelberg: Springer-Spektrum
2. Courant, R., Robbins, H. (2001). *Was ist Mathematik?* (5. Aufl.). Heidelberg: Springer
3. HELM-Consortium. *HELM-Workbooks.* Loughborough: Online-Ressource
4. Meyberg, K., Vachenauer P. (2001). *Höhere Mathematik 1* (6. Aufl.). Heidelberg: Springer
5. Papula, L. (2018). *Mathematik für Ingenieure und Naturwissenschaftler. Band 1* (15. Aufl.). Wiesbaden: Springer-Vieweg

© Springer Fachmedien Wiesbaden GmbH, ein Teil von Springer Nature 2020   47
J. Kortemeyer, *Komplexe Zahlen,* essentials,
https://doi.org/10.1007/978-3-658-29883-8

Printed in the United States
By Bookmasters